AF384150

INSTALLATION

D'UN

LABORATOIRE D'AÉRODYNAMIQUE

PAR

M. G. EIFFEL

ANCIEN PRÉSIDENT DE LA SOCIÉTÉ

EXTRAIT DES MÉMOIRES DE LA SOCIÉTÉ DES INGÉNIEURS CIVILS DE FRANCE
(Bulletin de janvier 1910.)

PARIS
19, rue Blanche, 19

1910

SOCIÉTÉ DES INGÉNIEURS CIVILS DE FRANCE

FONDÉE LE 4 MARS 1848

Reconnue d'utilité publique par décret du 22 décembre 1860

19, rue Blanche, PARIS

INSTALLATION

D'UN

LABORATOIRE D'AÉRODYNAMIQUE

PAR

M. G. EIFFEL

ANCIEN PRÉSIDENT DE LA SOCIÉTÉ

EXTRAIT DES MÉMOIRES DE LA SOCIÉTÉ DES INGÉNIEURS CIVILS DE FRANCE

(Bulletin de janvier 1910.)

PARIS

19, rue Blanche, 19

1910

INSTALLATION

D'UN

LABORATOIRE D'AÉRODYNAMIQUE [1]

PAR

M. G. EIFFEL

I. — DESCRIPTION GÉNÉRALE.

§ 1. Ensemble du laboratoire.

L'appareil de chute que j'ai décrit à la Société (2), et qui m'a servi à étudier la résistance qu'éprouvent différents corps par un déplacement vertical dans l'air libre, m'a donné des résultats très satisfaisants et je n'ai eu qu'à m'en louer. Cependant, le champ d'observations possibles était limité, et les expériences que j'ai faites épuisent, ou à peu près, les différents résultats que peut fournir ce procédé.

Désireux de pousser plus loin l'ensemble des observations sur la résistance de l'air, j'ai cherché à réaliser une installation fournissant avec précision, non seulement la résultante en grandeur et position pour une surface quelconque et le mouvement de l'air autour de la surface, mais encore la répartition des pressions à l'arrière et à l'avant.

A cet effet, j'ai installé, depuis août dernier, un laboratoire dans lequel la surface en essai est immobile et soumise à l'effet d'un courant d'air produit par un ventilateur.

Cette méthode a été fréquemment employée, mais dans des conditions qui laissaient prise à la critique. Il faut d'abord, pour

---

(1) Voir Procès-verbal de la Séance du 21 janvier 1910, page 51 et suivantes.
(2) Bulletin de la Société, de février 1908, page 261.

être autant que possible dans les conditions du vent naturel, que le courant dont on se sert ait une section assez grande pour que les filets extrêmes du cylindre de vent ne soient pas modifiés par la présence de la surface. Ne voulant pas employer des plaques trop petites, j'ai donc été conduit à constituer un cylindre d'air plus grand que ce qui avait été fait jusqu'à présent.

J'ai adopté un diamètre de 1,50 m pouvant être porté à 2 m. Cette transformation est en cours de réalisation.

Cet inconvénient d'une section trop faible par rapport à la plaque, qui se présente trop fréquemment dans l'emploi d'une buse, est encore plus grand dans la méthode dite du tunnel, où l'air circule dans un tube, parce qu'il est impossible alors de vérifier si la présence de la plaque ne trouble pas les filets extrêmes, et qu'en outre on doit toujours craindre que l'expansion de l'air autour de la plaque ne soit gênée par les parois.

Nous avons évité ces inconvénients du tube, en supprimant les parois du cylindre sur une certaine longueur et en les remplaçant par une grande chambre, hermétiquement close, où se font les essais. Cette chambre se trouve ainsi disposée à cheval sur le courant. C'est là une des caractéristiques de notre installation.

Le cylindre d'air traverse cette chambre en continuant à avoir ses filets parallèles, et sans y produire aucun remous sensible. En outre, les expériences deviennent ainsi d'une extrême commodité, puisque ce courant d'air est directement accessible dans toutes ses parties.

D'autre part, l'air sortant d'un ventilateur éprouve des mouvements plus ou moins tumultueux, qu'il est difficile d'amortir assez pour avoir des vitesses et des directions bien égales et constantes dans tous les points de la section. C'est ce qui nous a conduit à aspirer l'air au lieu de le souffler, et à placer les plaques dans le voisinage de l'entrée du ventilateur, et non à sa sortie comme on le fait habituellement.

La disposition prise *(Pl. 199 et 200)* consiste donc à aspirer l'air d'un vaste hangar dans un ajutage de grande dimension à courbure régulière. Pour le cylindre d'air de 1,50 m, cet ajutage a un diamètre extérieur de 3 m et une longueur de 2,50 m. Il n'est séparé de la chambre que par un diaphragme cellulaire, qui assure le parallélisme des filets d'air. Du côté opposé de la chambre, est disposée la conduite qui mène au ventilateur, et qui a même axe que ce ventilateur et que l'ajutage d'entrée. Cette conduite contient deux grillages en fils de fer, à mailles d'un centimètre, séparés par une distance de 1,20 m, qui amortissent à peu près complètement les irrégularités dans l'aspiration du ventilateur. La régularisation est, en outre, assurée par une grande buse en bois qui recueille l'air à sa sortie du ventilateur et le conduit, en s'évasant progressivement, dans un couloir qui aboutit au hangar. On est arrivé ainsi à avoir un courant ayant une vitesse et une direction bien uniformes dans toute l'étendue de la section (1). Comme il est enfermé dans le hangar, il ne peut être influencé par le vent extérieur.

Le ventilateur employé est le plus grand modèle des ventilateurs « Sirocco » : le diamètre de la couronne mobile est de 1,75 m et la hauteur de l'appareil est de 3,36 m ; en y comprenant le massif de maçonnerie qui le supporte, sa hauteur est de 5,50 m au-dessus du sol. Il est actionné par une dynamo de 50 kilowatts, soit 70 ch, dont le courant est fourni par les machines de la Tour Eiffel. Son nombre de tours varie, à l'aide d'un rhéostat, de 40 à 200. La vitesse du courant d'air produit peut passer de 5 à 20 m par seconde avec l'ajutage de 1,50 m et restera encore de 12 mètres-seconde environ avec la grande buse de 2 m.

Le hangar a 20 m sur 12 m et une hauteur de 9 m. La chambre d'expériences, en forme de T, a une surface de 43 m² ; la distance entre les parois qui reçoivent les buses est de 3,60 m.

Il se produit, comme on le verra plus loin, dans la chambre d'expériences, une dépression qui atteint souvent 20 mm ; aussi il est nécessaire, pour y pénétrer, d'avoir une petite capacité formant écluse.

La mesure des vitesses se fait à l'aide de manomètres, d'après les considérations qui suivent :

On sait que, dans un filet fluide en mouvement horizontal permanent, la somme de la force vive (énergie cinétique) et de

---

(1) Le rendement est également amélioré. On peut observer, en effet, qu'une pareille disposition, où l'air à la pression atmosphérique entre et sort par des ajutages convenablement évasés, permet théoriquement d'avoir de grands déplacements avec une puissance développée très faible : la vitesse de l'air y est acquise aux dépens de sa pression.

Cette solution nous paraît plus simple et plus pratique qu'une autre, qu'on a proposée, d'une sorte de tore à très grande section où l'air circulerait sans perdre sa vitesse : elle serait aussi plus avantageuse au point de vue de la régularisation du courant, et elle n'échaufferait pas l'air, ce qui est à craindre pour un circuit fermé.

la tension élastique (énergie potentielle) est constante, pourvu que la variation de pression soit faible. L'accroissement de la force vive est donc égal à la diminution correspondante de la pression. Appliquons ce principe au passage de l'air du hangar dans la chambre.

En traversant la chambre, les filets sont très sensiblement parallèles : leur pression est donc celle de la chambre. La différence de pression entre le hangar et la chambre, mesurée par un manomètre à eau qui donne une dénivellation h, représente donc la force vive que l'air a acquise, c'est-à-dire $\dfrac{\delta V^2}{2g}$ (δ, poids spécifique de l'air; V, vitesse de l'air dans la chambre). La relation précédente s'écrit :

$$ h = \frac{\delta V^2}{2g}, \quad \text{d'où} \quad V^2 = \frac{2gh}{\delta}. $$

On a ainsi une expression très approchée de la vitesse.

D'autre part, on vérifie qu'un tube recourbé à angle droit (dit tube de Pitot), dont une extrémité est exposée face au courant et dont l'autre arrive à un manomètre ayant sa seconde branche dans l'air calme de la chambre, donne la même dénivellation h. On peut donc employer ce second procédé, qui donne l'avantage de mesurer la vitesse en des points quelconques du courant.

Pour nous assurer que les vitesses ainsi déterminées sont exactes, nous en avons fait la comparaison avec les vitesses déduites d'anémomètres bien tarés : un anémomètre à coupes Recknagel, taré à la Seewarte de Hambourg, et un anémomètre à ailettes Casartelli de Londres. Du grand nombre des mesures qui ont été prises et dont nous avons fait figurer les moyennes dans le tableau ci-dessous, on conclut que les écarts individuels sont très faibles, réguliers et toujours dans le même sens, ce qui permet d'établir des moyennes rationnelles des écarts. Ces moyennes donnent une augmentation, par rapport au tube de Pitot, de 1 0/0 pour l'anémomètre Recknagel; 1 1/2 0/0 pour l'anémomètre Casartelli. On trouve également une augmentation de 1 1/2 0/0 pour la vitesse déduite de la différence des pressions dans le hangar et dans la chambre.

Voici, d'ailleurs, le résultat de nos observations :

VITESSES MESURÉES à l'aide du tube de Pitot	VITESSES DÉDUITES DE LA MESURE de la pression dans l'atmosphère et dans la chambre	VITESSES DONNÉES par l'anémomètre Recknagel	VITESSES DONNÉES par l'anémomètre Casartelli
mètres-seconde	mètres-seconde	mètres-seconde	mètres-seconde
10,95	11,26	11,02	11,20
12,64	12,88	12,70	12,90
14,17	14,41	14,30	14,35
15,00	15,80	15,45	15,18
16,24	16,43	16,30	16,30
17,96	18,25	18,40	18,36
MOYENNES :			
14,49	14,74	14,65	14,75
VITESSES MOYENNES RAPPÓRTÉES A CELLES DU PITOT :			
1	1,016	1,011	1,015

Nous pensons donc qu'on peut admettre, sans erreur bien sensible, la vitesse donnée par le tube de Pitot.

Les manomètres dont nous nous servons sont des « micromanomètres » de Schultze, de Berlin, inclinés au quart, et donnant, par conséquent, un déplacement d'une lecture exacte et facile au quart de millimètre.

§ 2. Balance aérodynamique.

Les mesures des poussées sur la surface exposée au courant d'air se font à l'aide d'une balance spéciale *(Pl. 201)*, que nous avons imaginée à cet effet, et qui a été construite sur nos dessins par MM. Bariquand et Marre.

Le principe de la méthode est le suivant :

Soit S une surface soumise à un vent horizontal *(fig. 1)*. On se propose de déterminer la pression R du vent sur la surface, en grandeur et position, ce qui représente trois inconnues.

En suspendant la surface autour d'un axe A perpendiculaire au plan de la figure, et en la maintenant en équilibre par une force antagoniste, on mesure par cette force le moment de l'effort de l'air par rapport à cet axe A. Ce moment est égal à αR.

En faisant de même pour un autre axe B également perpendiculaire au plan vertical, on obtient le produit βR.

Les deux triangles rectangles de la figure montrent que R passe par un point M de AB tel que :

$$\frac{AM}{BM} = \frac{\alpha}{\beta} = \frac{\alpha R}{\beta R}.$$

On connaît donc le point M.

En mesurant le moment par rapport à un troisième axe C encore perpendiculaire au plan vertical, on a un second point N de R. On a ainsi la droite d'application de R, puis l'intensité de R en divisant αR, par exemple, par la distance α maintenant connue.

Pratiquement, au lieu de prendre un troisième axe, on retourne la surface de 180 degrés autour de sa tige support, qui est parallèle au vent; par raison de symétrie, la résultante tourne aussi de 180 degrés, sans que son intensité change, ni sa position par rapport à la plaque. En prenant alors le moment par rapport à A, on a le même moment, au signe près, que si on le mesurait par rapport à C, symétrique de A relativement à la tige qui porte la surface.

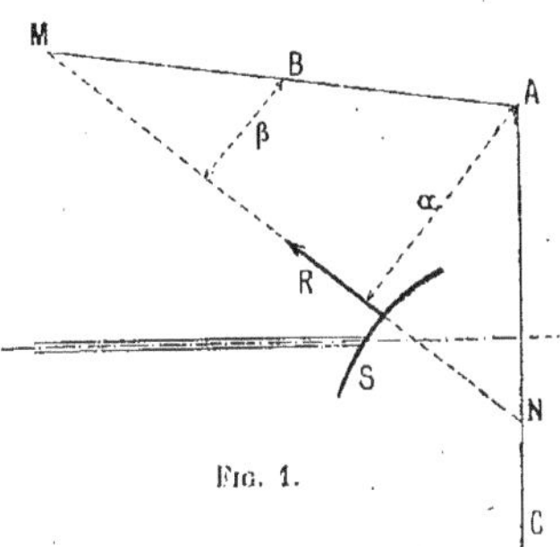

Fig. 1.

On pourrait même, pour un appareil de petites dimensions, n'avoir qu'un axe, à condition de déplacer la surface dans le sens du vent par rapport à cet axe. Ce dispositif, qui pourrait être commode dans ce cas particulier, offre des difficultés pratiques assez grandes, qui nous ont fait préférer le choix de deux axes distincts.

Remarque relative à l'application de la balance au cas général. — Nous avons supposé que la composition des efforts de l'air aux différents points de la surface se réduisait à une résultante située dans le plan connu de symétrie. C'est là le cas le plus ordinaire, et le seul que jusqu'à maintenant nous avons eu à considérer dans nos mesures. Mais le cas général, celui d'une surface dissymétrique ou orientée dissymétriquement, comporte six inconnues : les trois projections de la résultante de translation appliquée en un point choisi arbitrairement, et celles du moment du couple résultant. Comme on va le voir, notre balance donne presque immédiatement cinq de ces inconnues, et la sixième, c'est-à-dire le couple perpendiculaire au vent, peut être déterminée par un dispositif simple.

On peut, en effet, faire la composition des forces au milieu de AC *(fig. 2)*. Alors la résultante de translation passe par ce point, et se projette suivant un segment R. Les moments μ_A μ_B mesurés par rapport à A et à B, et le moment μ_C mesuré par rapport à A avec la plaque retournée de 180 degrés, se rapportent à R et au couple dont le moment μ est la projection, sur une perpendiculaire au plan de la figure, du moment du couple résultant. Ces trois moments ont respectivement pour valeur :

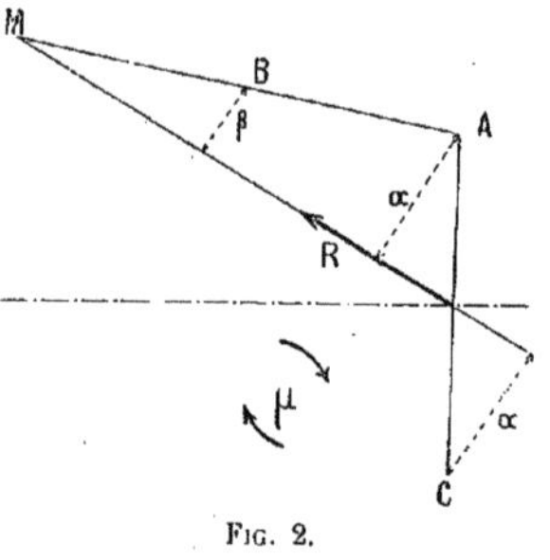

Fig. 2.

$$\mu_A = \alpha R + \mu,$$

$$\mu_B = \beta R + \mu,$$

$$\mu_C = \alpha R - \mu.$$

On en tire, successivement, la valeur du moment μ :

$$\mu = \frac{1}{2} (\mu_A - \mu_C).$$

puis la direction de R par :

$$\frac{AM}{BM} = \frac{\alpha}{\beta} = \frac{\alpha R}{\beta R} = \frac{\mu_A - \mu}{\mu_B - \mu},$$

et enfin, puisqu'on connaît maintenant α et β, l'intensité R par l'une des trois premières équations.

Pour obtenir la projection horizontale de la résultante de translation, et la composante verticale du moment du couple résultant, il suffit de répéter les pesées avec la surface tournée de 90 et 270 degrés autour de l'axe de sa tige : car le plan de la surface devient alors son élévation, et les efforts de l'air restent liés invariablement à cette surface.

Il ne reste à évaluer qu'une des six inconnues : la composante, perpendiculaire au vent, du couple résultant. On l'aura en fixant la tige qui porte la plaque, non plus à la balance, mais à un levier dont l'axe d'oscillation est parallèle au vent; le moment qui établira l'équilibre est, abstraction faite de la tare, la somme du moment de la résultante générale qui est connue, et du moment qu'on veut mesurer, qui se trouvera ainsi déterminé. Avec l'addition de ce levier supplémentaire, notre balance peut donc s'appliquer au cas le plus général.

Principe et description de l'appareil.

La tige C, qui porte la plaque (*fig. 3 et 4 et Pl. 204*) et qui est dirigée dans la direction du vent et dans l'axe de l'ajutage, est fixée à un support rigide en forme de T, DE. Ce support est mobile autour d'un couteau A, et subit l'effort vertical *f* donné par un poids P mis sur une balance. La figure montre que quand l'équilibre est établi, le poids mis sur la balance fait connaître le moment, par rapport à l'appui A, des forces qui agissent sur la plaque et sur son support.

On fait la pesée quand la plaque est dans l'air immobile, puis quand elle est dans un vent horizontal de vitesse connue. Le moment de l'effort de l'air est la différence des deux moments trouvés successivement.

Le support E porte un deuxième couteau B, qu'on fait reposer sur son siège en raccourcissant la tige H par une excentrique G (*fig. 4*). La figure montre qu'on peut encore, en établissant l'équilibre par la balance, mesurer le moment de l'effort de l'air par rapport à B.

Ce dispositif permet donc, par la simple manœuvre de l'excentrique, de mesurer le moment de l'effort de l'air par rapport à deux points. D'autre part, la tige C peut prendre autour de son axe quatre directions exactement rectangulaires. On peut donc, d'après ce que nous. avons vu tout à l'heure, déterminer les éléments de la résultante.

La branche verticale D est une pièce en acier fondu, susceptible de petits déplacements dans une gaine attachée au plafond de la plate-forme qui porte la balance; cette gaine, étroite et amincie à l'avant et à l'arrière, protège la branche verticale de l'action du vent, sans apporter au courant un changement appréciable.

La partie horizontale E est formée de pièces obliques constituées par des cornières et des tubes parallèles, qui portent chacun deux couteaux. Des deux paires de couteaux, ceux d'avant A, c'est-à-dire ceux du côté d'arrivée du vent, sont dirigés vers le bas et vers l'arrière, pour résister aux efforts verticaux et longi-

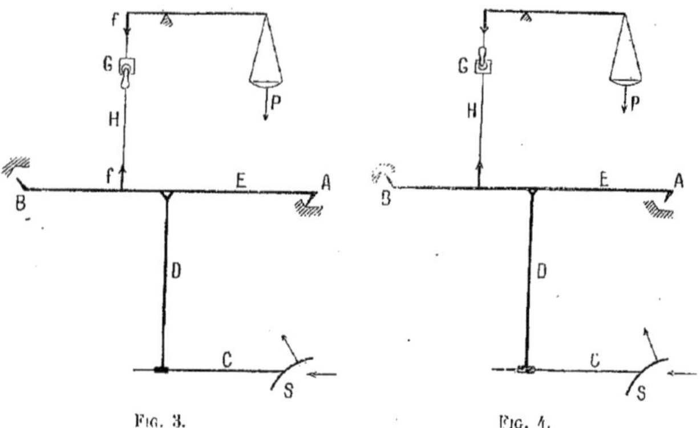

Fig. 3.　　　　Fig. 4.

tudinaux; ceux d'arrière B le sont vers le haut et vers l'arrière. Les sièges de ces couteaux portent des joues latérales, qui empêchent les couteaux de glisser le long des rainures de leurs sièges. Un levier permet de soulever les couteaux d'avant au-dessus de leurs appuis, de façon qu'en dehors des expériences aucun d'eux ne fatigue.

La tige H qui relie le châssis E et le fléau de la balance les touche par des couteaux. Ainsi les parties mobiles de l'appareil ne se déplacent qu'autour de couteaux, ce qui rend les frottements négligeables.

Le poids de la pièce DE est assez important et s'élève à environ 50 kg. Loin d'être un inconvénient, ce poids répond à deux besoins distincts de nos mesures : il amortit les oscillations dues aux petites variations d'effort, et il rend la balance toujours stable, quelle que soit la position de l'effort de l'air sur la surface. D'ailleurs, il n'empêche pas la balance d'être très sensible. Même dans le vent, on apprécie des différences de poids de moins d'un demi-gramme.

Tout l'ensemble de la balance est porté par une plate-forme très solide en bois, de $2,80 \times 2,20$ m, qui repose sur deux séries de moises placées à 3 m au-dessus du sol de la chambre d'expériences, parallèlement au courant.

La marche d'une expérience est la suivante :

1° On fixe la plaque par sa double attache à la tige, en la disposant à l'inclinaison voulue. On établit l'équilibre à la balance, en mettant successivement les couteaux sur A et sur B : il faut pour cela des poids p et p_1;

2° On fait passer le vent, et on rétablit l'équilibre en mettant successivement les couteaux sur A et sur B : il faut pour cela des poids p' et p'_1, les hauteurs correspondantes étant h' et h'_1 au manomètre incliné du tube de Pitot;

3° On retourne la plaque de 180 degrés; on met les couteaux sur A, et on rétablit l'équilibre par un poids p'', la hauteur au manomètre du tube de Pitot étant h''.

Pour connaître l'influence de la tige horizontale et des supports de la plaque, il ne suffirait pas de répéter les mesures en détachant la plaque, puisque celle-ci protège plus ou moins la tige. On emploie le procédé suivant. On met la plaque précisément dans la position qu'elle a occupée pendant l'expérience, mais en l'isolant de sa tige et en la maintenant par un support spécial d'un faible encombrement; en refaisant alors les pesées, on a la part exacte qui revient, dans l'action du vent, à la tige et aux supports.

§ 3. — Calcul des résultats.

En appliquant telle quelle la méthode exposée tout à l'heure, il faudrait tracer de grandes épures pour avoir de la précision, et les points M ou N se trouveraient souvent en dehors du papier. En outre, on serait exposé à de fréquentes erreurs, à

cause des signes des moments. Pour éviter ce double inconvénient, il vaut mieux recourir au calcul suivant. On trace, sur le
dessin de la surface en élévation *(fig. 5)*, l'axe Ox de la tige qui
porte cette surface et l'on marque le point O de cet axe qui est
à l'aplomb du couteau A, c'est-à-dire à 0,734 m en avant de l'axe
de la tige verticale : ce point de repère O sera toujours très

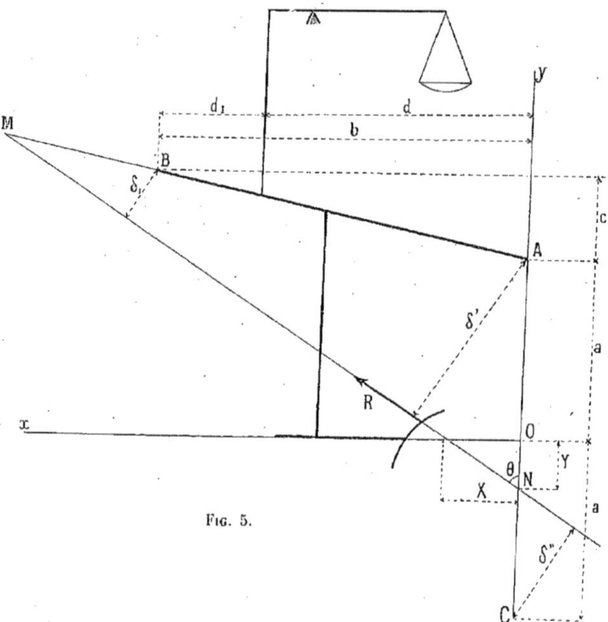

Fig. 5.

voisin de la surface. On mènera par ce point la perpendiculaire
Oy à Ox. D'après les poids p, p_1, p', p'_1, p'' obtenus dans l'expérience, on calculera directement, par les formules que nous
allons indiquer, l'intensité R de la résultante de l'effort, les
distances X, Y (positives ou négatives) où cette résultante coupe
les axes Ox, Oy, et enfin l'angle θ, utile à connaître quand R
coupe l'un des axes en dehors de l'épure ou passe très près de O.

En se servant des lettres marquées sur la figure 5, en appe-
lant n le rapport des bras de levier de la balance et en prenant

pour sens positif des moments le sens des aiguilles d'une montre, les moments de R par rapport à A, B et C sont exprimés par :

$$\delta'R = dn(p - p'),$$
$$\delta_1 R = d_1 n(p'_1 - p_1),$$
$$\delta''R = dn(p'' - p).$$

Comme les pesées sont faites avec des vitesses de vent généralement différentes, il faut rendre comparables entre eux les poids $p - p'$, $p'_1 - p_1$, $p'' - p$. Nous les ramenons à ce qu'ils seraient à la vitesse de 10 m, à la température de 10 degrés et à la pression de 760 mm. Dans ces conditions, la hauteur manométrique du tube de Pitot est 6,247 mm d'eau, soit 25 mm au manomètre incliné au quart. Comme les efforts de l'air, tout au moins dans les limites où l'on opère, sont proportionnels à la hauteur manométrique correspondante, il suffit de multiplier les poids $p - p'$, $p'_1 - p_1$, $p'' - p$ respectivement par $\dfrac{25}{h'}$, $\dfrac{25}{h'_1}$, $\dfrac{25}{h''}$. Les moments par rapport à A, B, C deviennent :

$$\delta'R = \frac{25}{h'} dn(p - p'),$$

$$\varepsilon_1 R = \frac{25}{h'_1} d_1 n(p'_1 - p_1),$$

$$\delta''R = \frac{25}{h''} dn(p'' - p).$$

Posant :

$$\frac{d}{d_1} \frac{BM}{MA} = u, \qquad\qquad \frac{CN}{NA} = z,$$

on a :

$$u = \frac{d}{d_1} \frac{BM}{MA} = -\frac{d}{d_1} \frac{\delta_1}{\delta'} = -\frac{d}{d_1} \frac{\delta_1 R}{\delta'R} = \frac{\dfrac{p'_1 - p_1}{h'_1}}{\dfrac{p - p'}{h'}},$$

$$z = \frac{CN}{NA} = -\frac{\delta''}{\delta'} = -\frac{\delta''R}{\delta'R} = \frac{\dfrac{p - p''}{h''}}{\dfrac{p - p'}{h'}}.$$

Dans le système d'axes yOx, les coordonnées x', y' de M sont donnés par :

$$\frac{d_1}{d}u = \frac{BM}{MA} = \frac{x' - b}{-x'} = \frac{y' - (a + c)}{a - y'}.$$

L'abscisse de N est 0 ; son ordonnée Y résulte de :

$$z = \frac{CN}{NA} = \frac{Y + a}{a - Y},$$

d'où :
$$Y = a\,\frac{z - 1}{z + 1}.$$

La droite d'application MN, dont l'équation est :

$$\frac{x}{-x'} = \frac{y - Y}{Y - y'},$$

rencontre Ox en un point dont l'abscisse X est donnée par :

$$\frac{X}{-x'} = \frac{-Y}{Y - y'}.$$

En remplaçant x', Y, y' par leurs valeurs tirées des équations précédentes, on trouve :

$$X = ab\,\frac{1 - z}{m},$$

en posant :
$$m = 2a\left(1 + \frac{d_1}{d}u\right) + c(1 + z).$$

De X et Y, on déduit l'angle θ de la résultante avec Oy :

$$\mathrm{tg}\,\theta = \frac{X}{Y} = -\,b\,\frac{z + 1}{m}.$$

La résultante elle-même est donnée par l'égalité :

$$\delta'R = \frac{2\delta}{h'}dn(p - p'),$$

qu'on peut écrire, en remplaçant δ' par sa valeur :

$$R = 25 \frac{p - p'}{h'} \frac{dn}{2ab} \sqrt{m^2 + b^2(z + 1)^2} \,.$$

Reproduisons ces relations en remplaçant a, b, c, d, d_1 et n par leurs valeurs ($a = 1{,}4585\,m$, $b = 1{,}499$, $c = 0{,}0804$, $d = 0{,}945$, $d_1 = 0{,}554$, $n = 7$); nous avons les formules définitives :

$$u = \frac{\dfrac{p_1 - p_1'}{h_1'}}{\dfrac{p - p'}{h'}}, \qquad\qquad z = \frac{\dfrac{p - p''}{h''}}{\dfrac{p - p''}{h'}},$$

$$m = 2{,}9074 + 1{,}7101u + 0{,}0804z,$$

$$X = 2{,}1863 \frac{1 - z}{m}, \qquad\qquad Y = 1{,}4585 \frac{z - 1}{z + 1},$$

$$\operatorname{tg} \theta = \frac{X}{Y} \qquad \text{ou} \qquad \operatorname{tg} \theta = -\, 1{,}499 \frac{z + 1}{m},$$

$$R = 37{,}803 \frac{p - p'}{h'} \sqrt{m^2 + 2{,}247(z + 1)^2} \,.$$

Exemple.

Prenons la plaque courbe de 90×15 cm, avec une flèche de $1{,}08$ cm $\left(\dfrac{1}{13,5}\right)$, dont nous donnons l'étude plus loin. Cette plaque étant disposée de manière que sa corde faisait sur l'horizontale un angle de 15 degrés *(fig. 6)*, nous avons trouvé, dans l'air immobile :

$$p = 1577{,}5 \text{ g,} \qquad\qquad p_1 = 9258{,}5 \text{ g,}$$

et dans un vent de 10 m environ :

$$p' = 1521, \qquad p_1' = 8928, \qquad p'' = 1511{,}5,$$
$$h' = 28{,}9, \qquad h_1' = 26{,}5, \qquad h'' = 28{,}0,$$

d'où :

$$\frac{p - p'}{h'} = 1{,}954, \qquad \frac{p_1 - p_1'}{h_1'} = 12{,}46, \qquad \frac{p - p''}{h''} = 2{,}355.$$

De nouvelles expériences avec une vitesse plus forte ont donné :

$$p' = 1505, \qquad p'_1 = 8837, \qquad p'' = 1504,5,$$

$$h' = 37,1, \qquad h'_1 = 33,8, \qquad h'' = 32,0,$$

d'où :

$$\frac{p - p'}{h'} = 1,954, \qquad \frac{p_1 - p'_1}{h'_1} = 12,46 \qquad \frac{p - p''}{h''} = 2,353.$$

Les deux séries d'expériences sont bien concordantes. En

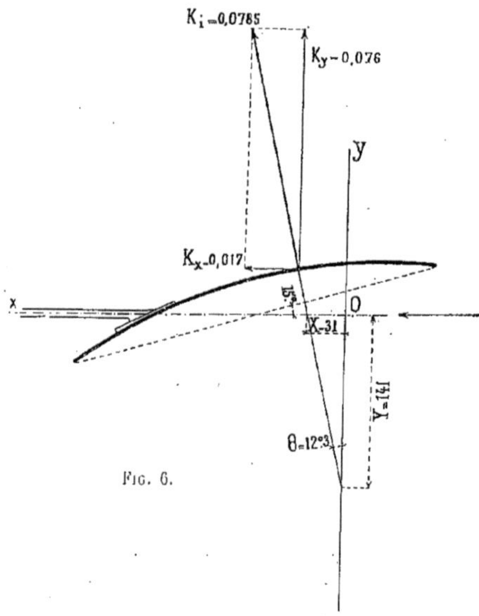

Fig. 6.

répétant les mesures pour déterminer, comme nous l'avons dit, l'influence de la tige seule, on a trouvé :

$$\frac{p - p''}{h'} = 0,147, \qquad \frac{p_1 - p'_1}{h'_1} = -0,320, \qquad \frac{p - p''}{h''} = 0,162,$$

2

de façon qu'on a, pour la plaque seule :

$$\frac{p - p'}{h'} = 1,807, \qquad \frac{p_1 - p_1'}{h_1'} = 12,78, \qquad \frac{p - p''}{h''} = 2,192.$$

Appliquons les formules précédemment indiquées :

$$u = \frac{12,78}{1,807} = 7,07, \qquad z = \frac{2,192}{1,807} = 1,213,$$

$$X = 31 \text{ mm}, \qquad Y = 141 \text{ mm},$$

$$\text{tg } \theta = 0,219 = \text{tg } 12°,3$$

$$R = 1\,062 \text{ g} = 1,062 \text{ kg}.$$

On en déduit le coefficient de résistance totale :

$$K = \frac{R}{SV^2} = \frac{1,062}{0,135\,.\,100} = 0,0785,$$

et les coefficients des composantes horizontale et verticale :

$$K_x = K \sin 12°,3 = 0,017, \qquad K_y = K \cos 12°,3 = 0,076.$$

Enfin, en traçant la résultante sur la figure représentant la plaque et les axes yOx *(fig. 6)*, on trouve que cette résultante rencontre la plaque à 55 mm du bord d'attaque.

Remarques.

1° En réalité, nous remplaçons le calcul de X, Y, θ et R par la lecture d'abaques, qui donnent immédiatement les résultats cherchés d'après les valeurs de u et z.

2° Dans le cas d'une plaque ayant un axe de symétrie parallèle au vent, la résultante est dirigée suivant cet axe ; on obtient son intensité en divisant son moment pris, par exemple, par rapport à A, par sa distance verticale au-dessous de ce couteau.

§ 4. Distribution des pressions
à la surface d'une plaque.

Indépendamment de la résultante totale, il est intéressant de connaître la répartition des pressions sur les plaques, soit à l'avant, soit à l'arrière. Les pressions sont mesurées par des micromanomètres.

La plaque est percée de nombreux trous convenablement répartis, et bouchés par de petites vis affleurant chacune des faces de la plaque. A l'endroit qu'on veut expérimenter, on remplace la vis par une pièce filetée traversée dans son axe par un canal de 0,5 mm de diamètre *(fig. 7)*. Sur la face que l'on

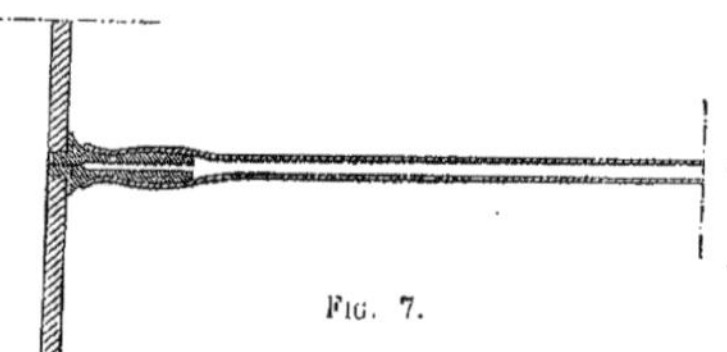

Fig. 7.

étudie, la vis vient affleurer; sur le côté opposé, elle se prolonge par une tubulure qui communique par un tuyau de caoutchouc avec le manomètre; l'autre branche de ce manomètre s'ouvre dans l'air calme de la chambre. Comme l'ouverture de la pièce filetée est très petite, les filets d'air qui viennent passer devant

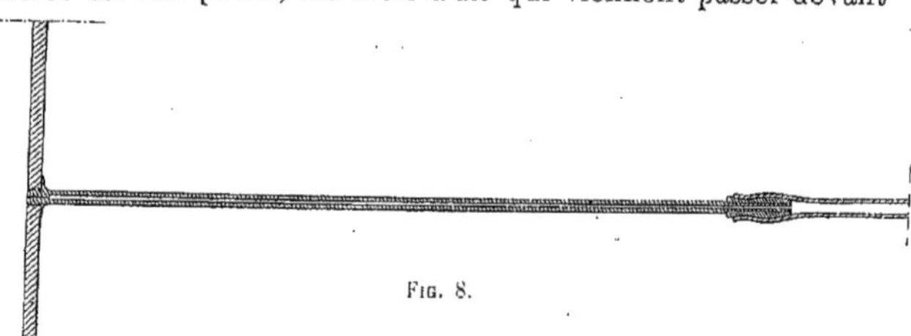

Fig. 8.

elle peuvent être regardés, à chaque instant, comme parallèles entre eux et à la plaque; il en résulte, d'une part, qu'ils ne sont pas troublés par la présence de l'ouverture, d'autre part que leur pression est celle qu'ils transmettent latéralement, c'est-à-dire celle qu'on mesure (1).

(1) Quand on prenait la pression près du bord de la plaque, on pouvait craindre une influence exercée par la présence de l'ajutage et du tube de caoutchouc.

Le premier ajutage était alors remplacé par un autre que prolongeait un tube de moins de 3 mm de diamètre extérieur *(fig. 8)*. On n'a d'ailleurs pas trouvé de différence sensible entre les résultats fournis par ces deux ajutages.

Dans ces expériences, la plaque est fixée, par de simples fils de fer munis de tendeurs, à un grand châssis en bois représenté par la figure 9 ; ce châssis est mobile sur deux rails, qu'on tire en dehors du courant d'air pour changer de place l'ajutage fileté sans arrêter le ventilateur. Avec le châssis ainsi disposé, on a, d'une part, un support qui n'exerce aucune influence sur la plaque, et, d'autre part, ces mesures se font avec une grande rapidité ; leur nombre peut s'élever à 150 par jour.

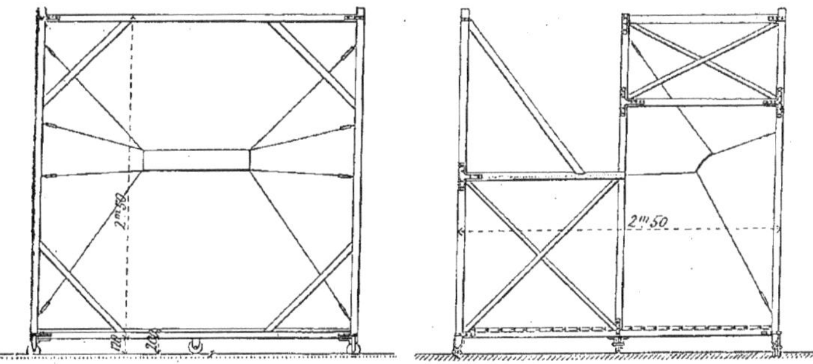

Fig. 9. — Châssis roulant.

La mesure de ces pressions nous a donné un résultat auquel nous attachons un grand intérêt : c'est que leur totalisation donne toujours la même pression totale que la balance. Ces deux procédés, si différents, se vérifient ainsi l'un par l'autre, ce qui inspire confiance dans l'exactitude de nos résultats.

§ 5. Détermination directe des centres de poussée.

Nous avons vu que la balance permet de déterminer la position des centres de poussée. On peut obtenir cette position par une autre méthode qui donne une nouvelle vérification des résultats fournis par la balance.

Sur les deux bords opposés de la plaque, et dans une ligne perpendiculaire à son plan de symétrie, on fixe deux très petites pièces qui permettent à la plaque d'osciller librement entre deux pointes situées exactement sur la même verticale (*fig. 10*). Quand le vent souffle sur la plaque, celle-ci s'oriente de manière que la résultante passe par l'axe des pointes ; un cadran divisé, relié à la plaque et que l'on peut lire constamment de loin sans arrêter le vent, donne son inclinaison sur la direction du vent. On a donc le point d'application de la résultante pour cette inclinaison ; en faisant varier progressivement la position de l'axe de rotation, et en mesurant à chaque fois l'angle correspondant, on peut relier les résultats par une courbe continue, servant à donner le centre de poussée pour une inclinaison quelconque.

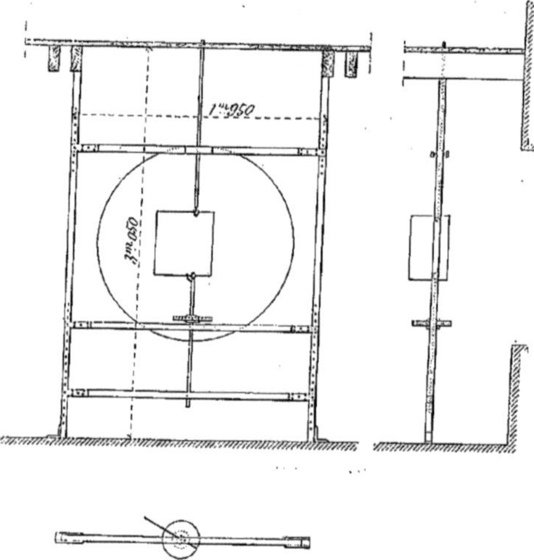

Fig. 10. — Appareil pour la détermination directe des centres de pression.

L'équilibre est parfois instable, par exemple, pour notre plaque courbe aux petits angles ; mais, en faisant tourner lentement à la main le cadran gradué, on se rend très bien compte, au toucher, de l'angle d'équilibre.

Ce procédé donne évidemment les centres de poussée avec une précision plus grande que la balance, où la position de la résultante est évaluée par sa distance aux axes des couteaux qui en sont éloignés de 2 m et plus. Cependant, les écarts trouvés sont restés inférieurs à 5 mm, soit $\frac{1}{400}$, ce qui montre la précision des autres résultats fournis par la balance.

§ 6. Observation des directions des filets
au voisinage des surfaces.

Les plaques que nous avons déjà expérimentées avaient un plan de symétrie parallèle au vent; nous avons relevé la direction des filets d'air dans ce plan. Dans ce but, un fil court et très léger, porté à l'extrémité d'une tige mince, étant placé en différents points du plan, on repère aussi exactement que possible la position et la direction du fil.

Il arrive le plus souvent, surtout à l'arrière de la plaque, que la direction du fil varie rapidement entre deux limites plus ou

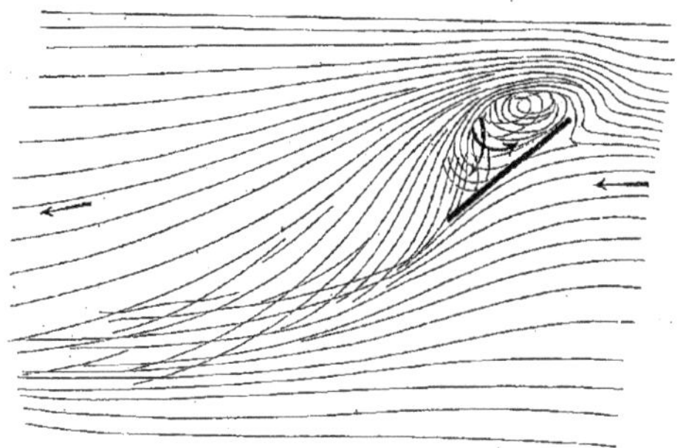

Fig. 11. — Direction des filets autour d'une plaque carrée, inclinée à 40 degrés sur le vent.

moins écartées. La variation de direction du fil provient, en effet, de ce que l'air trouve à chaque instant un régime d'écoulement de stabilité très faible, de manière que la moindre influence le fait passer d'un régime à l'autre. L'observation attentive des directions du fil permet de déterminer, avec une certaine approximation, les divers écoulements. Cette étude est souvent difficile, surtout pour les plaques normales, où l'instabilité des filets est très grande. Dans ces derniers cas, on peut cependant établir un tracé schématique suffisant.

Dans la figure 11, nous donnons les directions prises par les filets, au voisinage d'une plaque inclinée à 40 degrés. La figure 12, qui représente ces directions près d'une plaque inclinée à 80 degrés montre que les filets suivent des trajectoires très variables et,

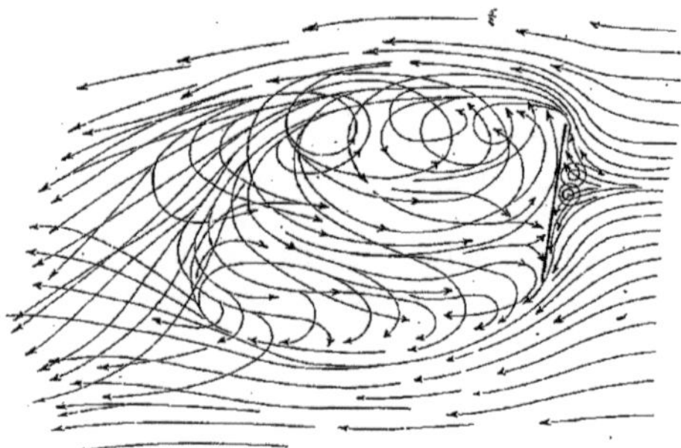

Fig. 12. — Direction des filets autour d'une plaque carrée inclinée à 80 degrés

par conséquent, très peu stables. Le même fait se reproduit avec la plaque normale *(fig. 13)*: pour celle-ci, nous donnons un tracé

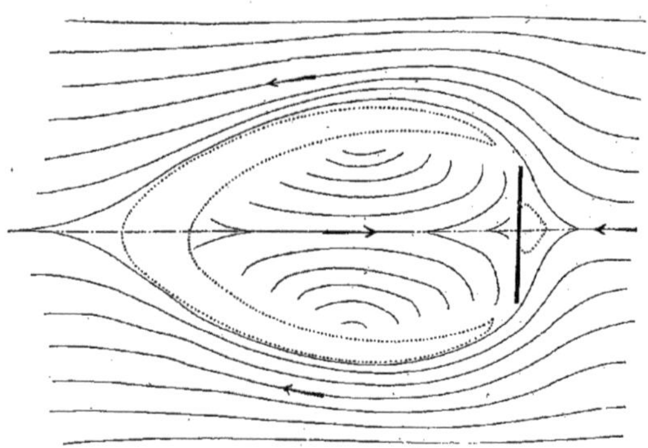

Fig. 13. — Schéma des directions des filets autour d'une plaque carrée, normale au vent.

schématique, qui figure les directions moyennes des filets ; dans les deux régions comprises entre les traits pointillés, les remous sont tels qu'on ne peut fixer une direction moyenne.

II. — EXEMPLE D'APPLICATION

§ 1. Choix des plaques.

Comme exemple d'application des procédés que nous venons
de décrire, nous donnerons l'ensemble des résultats obtenus avec
une plaque allongée et légèrement courbe, semblable à une aile
d'aéroplane. Cette plaque est un rectangle de 150 × 900 mm,
courbée en arc de cercle parallèlement à sa longueur de façon à
avoir une flèche de 10,8 mm (soit $\dfrac{1}{13,5}$ de la corde). Nous lui
avons donné différentes inclinaisons, le grand côté restant perpendiculaire au vent.

Nous ajouterons, à titre de comparaison, les résultats relatifs à un
rectangle plan de dimensions très peu différentes (150 × 850 mm).
Cette comparaison ne peut se faire que moyennant une conven-
tion sur la mesure de l'inclinaison. Avec la plaque plane, il ne
peut y avoir d'ambiguïté ; il n'en est pas de même avec la plaque
courbe, pour laquelle on peut considérer soit l'inclinaison de la
corde, soit celle du bord d'attaque, soit celle du bord de sortie.

Les résultats dépendent essentiellement de ce choix ; ainsi, en
définissant l'inclinaison de notre plaque par celle du bord
d'attaque, on conclurait que l'inclinaison nulle donne la pression résultante maximum, et, en choisissant le bord de sortie, on
trouverait que l'inclinaison nulle correspondrait à une résultante très faible. Nous avons adopté l'angle avec la corde, parce
qu'il est naturel de comparer la plaque plane normale au vent
avec la plaque courbe dont la corde est également normale au
vent.

Dans les pages qui suivent, nous avons fait en quelque sorte
la monographie de la plaque 90 × 15 cm qui, semblable aux
ailes d'aéroplanes, offre d'autant plus d'intérêt qu'une telle
étude détaillée n'a pas encore été réalisée jusqu'à présent.

§ 2. Poussées sur la plaque courbe de 90 × 15 cm.

(flèche $\dfrac{1}{13,5}$; angle de la corde avec les tangentes extrêmes 16 degrés ; épaisseur de la plaque, 3 mm).

Nous donnons dans le tableau ci-dessous les résultats de chacune des expériences, c'est-à-dire les valeurs de :

L'inclinaison, i, de la corde sur la direction du vent ;

La distance, d, du centre de poussée au bord d'attaque ;

La résultante totale, R, pour un vent de 10 m ;

La résistance totale unitaire, K_t, c'est-à-dire le coefficient par lequel il faut multiplier la surface développée, en mètres carrés, par le carré de la vitesse en mètres-secondes, pour avoir l'effort total en kilogrammes ;

Les coefficients K_x et K_y des composantes horizontale et verticale ;

Le rapport $\dfrac{K_y}{K_x}$, c'est-à-dire, pour le cas des aéroplanes, le rapport de la sustentation à la résistance à l'avancement ;

L'angle θ de la résultante avec la verticale ;

Enfin l'angle $\theta - i$ de la résultante avec la normale à la corde.

Ces résultats sont réunis dans le tableau ci-joint, d'où nous avons déduit la planche 202 et les courbes des figures 14 et 15.

Nous ferons observer d'abord que la résultante reste sensiblement normale à la corde, sauf pour les petits angles.

Poussées.

a) La courbe des pressions totales unitaires, K_t, part de la valeur 0,034 pour un angle de 0 degré et s'élève rapidement jusqu'à 0,078, valeur qu'elle atteint pour l'angle d'attaque nul 16 degrés, c'est-à-dire pour la position où le bord d'attaque est dans la direction du vent. La courbe redescend ensuite légèrement et le coefficient demeure pratiquement constant jusqu'à 90 degrés.

b) La courbe des poussées verticales K_y suit jusqu'à l'angle de 20 degrés environ la même marche que la courbe des K_t.

Plaque courbe de 90 × 15 cm.

ÉLÉMENTS de la RÉSULTANTE	INCLINAISONS i DE LA CORDE SUR LE VENT									
	0°	5°	10°	15°	20°	30°	45°	60°	75°	90°
Distances d, en centimètres, du centre de pression au bord d'attaque. . .	7,7	6,5	5,7	5,5	6,4	6,75	6,85	6,9	7,1	7,5
Résultantes R, en kilogr., pour un vent de 10 m./s.	0,454	0,748	0,988	1,062	0,969	0,954	0,969	0,984	1,020	1,030
Coefficients K_i de résistance totale.	0,034	0,055	0,073	0,0785	0,072	0,071	0,071	0,073	0,0735	0,0764
Coefficients K_x des composantes horizontales .	0,0034	0,0059	0,0091	0,017	0,0245	0,034	0,049	0,063	0,073	0,076
Coefficients K_y des composantes verticales . . .	0,033	0,0545	0,072	0,076	0,0675	0,062	0,051	0,037	0,020	0,0
Rapports $\frac{K_y}{K_x}$	9,7	9,25	7,95	4,46	2,76	1,82	1,04	0,59	0,27	0,0
Angles θ, de la résultante et de la verticale . . .	5°8	6°2	7°2	12°3	19°9	29°7	44°0	59°4	74°8	90°0
Angles $\theta - i$, de la résultante et de la normale à la corde	5°8	1°2	—2°8	—2°7	—0°1	—0°3	—1°0	—0°6	—0°2	0°0

Comme pour cette dernière, son maximum correspond à l'angle d'attaque nul; à partir de ce point, la courbe redescend jusqu'à 90 degrés, où elle s'annule.

c) La courbe des poussées horizontales K_x est, jusqu'à 46 degrés moins élevée que la courbe des poussées verticales. Ainsi, à

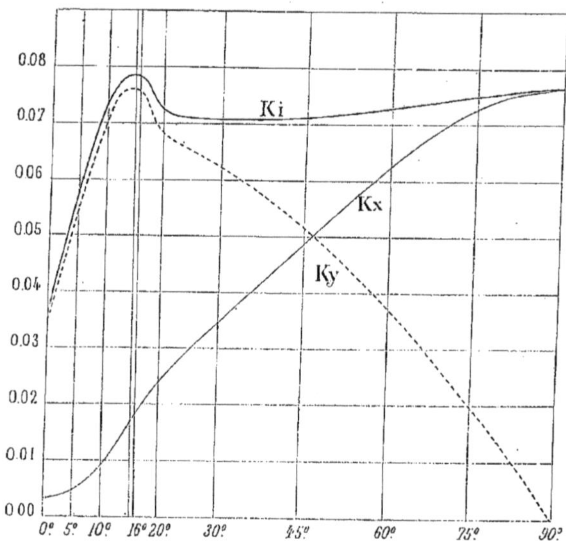

Fig. 14. — Poussées unitaires sur la plaque courbe de 90×15 cm $\left(\text{flèche } \dfrac{1}{13,5}\right)$.

16 degrés, le coefficient de poussée horizontale n'est que de 0,019, alors que le coefficient de poussée verticale est de 0,076, soit quatre fois plus élevé. A 20 degrés, le rapport des deux poussées est encore de $\dfrac{0,068}{0,025} = 2,7$. A partir de 20 degrés, la courbe est sensiblement rectiligne jusqu'à 70 degrés; elle s'incurve ensuite légèrement pour atteindre à 90 degrés sa valeur maximum 0,076.

Centres de poussée.

Dans la figure 15, nous avons supposé que la plaque, tournant autour du bord d'attaque 0, était frappée par un vent hori-

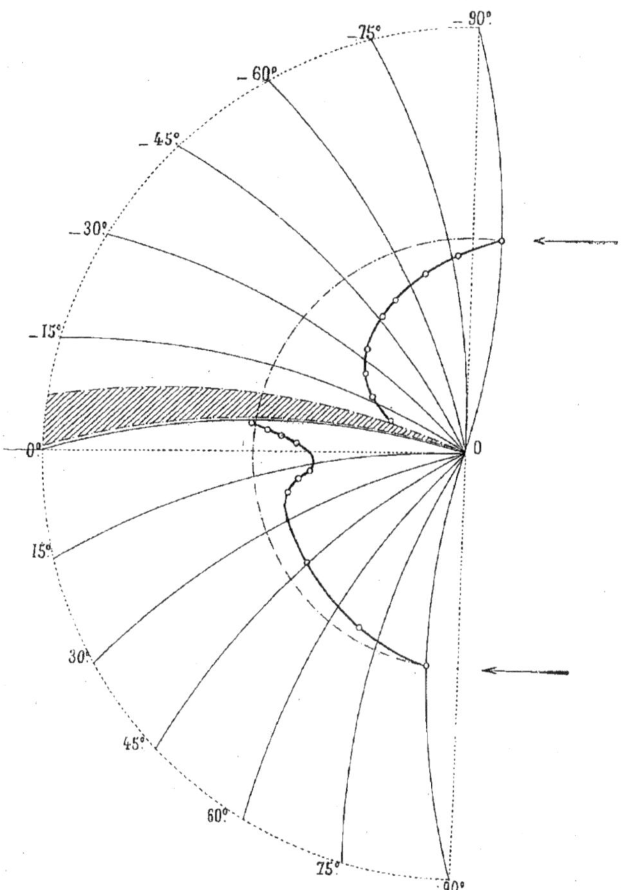

Fig. 15. — Centres de poussée sur la plaque courbe de 90 × 15 cm $\left(\text{flèche } \dfrac{1}{13,5}\right)$

zontal. Les courbes tracées représentent les positions successives du centre de pression, pour toutes les positions de la plaque.

Lorsque la plaque est frappée normalement sur la face concave, le centre de pression est au centre de la plaque ; il s'en éloigne très lentement d'abord, puis très rapidement jusqu'à ce que l'angle d'attaque devienne nul. Il se rapproche ensuite du centre de la plaque, à mesure que la corde s'incline de moins en moins sur le vent. Ainsi, pour l'angle de 16 degrés, la distance du centre de pression au centre de la plaque est de 22 mm, soit 30 0/0 de la demi-largeur, et, pour l'angle de 0 degré, cette distance est pratiquement nulle (1).

La plaque présentant au vent sa surface convexe, le centre de pression suit une marche toute différente. Pour un très faible angle de la corde et du vent, le centre de pression n'a plus de position bien définie. Pour l'angle de — 9 degrés, il est à 30 mm du bord d'attaque, soit à 45 mm du centre de la plaque. A mesure que l'angle augmente, le centre de pression se rapproche progressivement du centre de la plaque, où il revient lorsque celle-ci est normale au vent.

Avec l'appareil spécial pour les centres de pression, les positions d'équilibre de la plaque frappée par sa face *concave* sont instables pour les angles inférieurs à 16 degrés et stables pour les autres angles.

Pour la plaque frappée par sa face *convexe*, toutes les positions d'équilibre observées sont stables.

§ 3. Poussées sur la plaque plane de 85 × 15 cm.

Les résultats de nos mesures sont réunis dans le tableau ci-joint, dont nous avons déduit les dessins de la planche 202 et les courbes de la figure 16.

Poussées.

a) La courbe des K_i part de la valeur 0 pour augmenter progressivement jusqu'à 90 degrés, où elle atteint la valeur 0,073. Elle ne présente qu'une légère inflexion dans les environs de 20 degrés.

(1) Pour une aile d'aéroplane de 2 m de largeur, les déplacements du centre de pression seraient compris entre 0 et 30 cm, à partir du centre.

Plaque plane de 85 × 15 cm.

ÉLÉMENTS de la RÉSULTANTE	INCLINAISONS i DE LA PLAQUE SUR LE VENT							
	10°	20°	30°	38°	45°	60°	75°	90°
Distances d, en centimètres, du centre de pression au bord d'attaque	5.3	5,9	6,1	6,25	6,35	6,7	7,03	7,5
Résultante R en kg, pour un vent de 10 m./s.	0,578	0,646	0,732	0,770	0,788	0,845	0,905	0,927
Coefficients K_t de résistance totale.	0,045	0,050	0,057	0,060	0,062	0,066	0,071	0,0727
Coefficients K_x des composantes horizontales.	0,0105	0,018	0,029	0,039	0,045	0,058	0,0685	0,0727
Coefficients K_y des composantes verticales. .	0,0435	0,047	0,0495	0,0465	0,0425	0,031	0,018	0,0
Rapports $\dfrac{K_y}{K_x}$	4,14	2,61	1,71	1,19	0,945	0,535	0,263	0,0
Angles θ de la résultante et de la verticale .	13°5	21°5	29°9	39°5	46°6	61°6	75°3	90°0
Angles $\theta - i$ de la résultante et de la normale à la plaque.	3°5	1°5	—0°1	1°5	1°6	1°6	0°3	0°0

b) La courbe des poussées verticales K$_y$ croît d'abord rapidement, puis très lentement de 10 à 30 degrés, et décroît ensuite progressivement jusqu'à 0 pour l'angle de 90 degrés.

c) La courbe des poussées horizontales K$_x$ se confond pratiquement avec une droite jusqu'à 60 degrés. La valeur du coefficient de poussée est alors 0,06, de telle sorte que jusqu'à 60 degrés le coefficient de poussée horizontale est pratiquement exprimé en

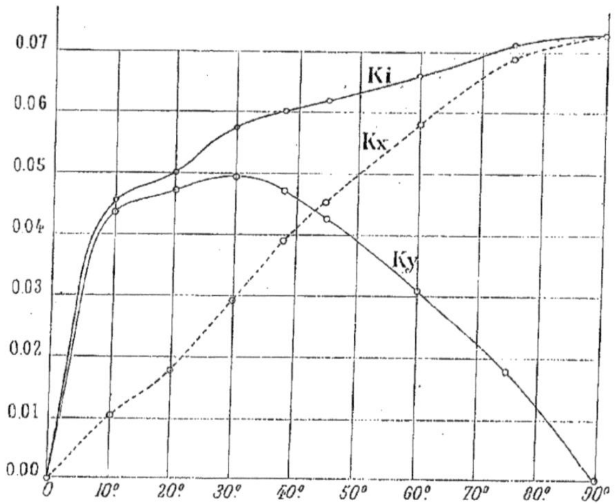

Fig. 16. — Poussées unitaires sur la plaque plane de 85 × 15 cm.

millièmes, par le même nombre que celui qui définit, *en degrés*, la position de la plaque. Ainsi, à une inclinaison de 30 degrés correspond très sensiblement un coefficient de $\dfrac{30}{1\,000} = 0,030$. A partir de 60 degrés, la courbe s'incurve légèrement et présente son maximum égal à 0,073 pour 90 degrés.

Centres de poussée.

Le centre de poussée *(fig. 17)* part du quart de la plaque environ, pour se rapprocher du centre à mesure que l'angle de la plaque et du vent augmente.

Jusqu'à 15 degrés environ, il se rapproche assez rapidement du centre de la plaque ; à 15 degrés, la courbe change d'allure

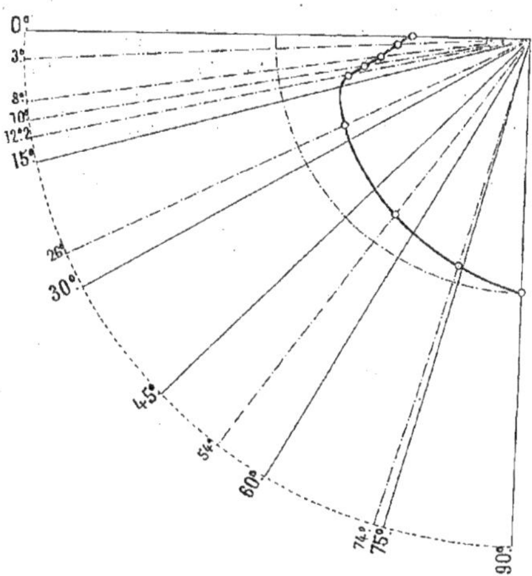

FIG. 17. — Centres de poussée sur la plaque plane de 85 × 15 cm.

et les variations de position du centre de poussée sont beaucoup plus lentes.

§ 4. Comparaison de la plaque courbe et la plaque plane.

Cette comparaison peut se faire très simplement au moyen des diagrammes. Le grand avantage, au point de vue de l'aviation, de la plaque cintrée sur la plaque plane apparaît immédiatement.

Mais il est préférable de comparer ces plaques sans faire intervenir les inclinaisons, puisque, comme nous l'avons vu, celle de la plaque courbe est susceptible de plusieurs définitions.

Le problème le plus intéressant est, en effet, celui-ci : *Pour une résistance à l'avancement donnée, quelle est la plaque qui donnera le plus grand effort sustentateur ?*

Nous avons tracé ci-joint *(fig. 18)* les courbes des poussées verticales des deux plaques, en portant en abscisses les différentes valeurs des poussées horizontales. Pour une résistance à l'avancement unitaire de 0,02, par exemple (correspondant pour la plaque courbe à un angle d'attaque presque nul et à 16

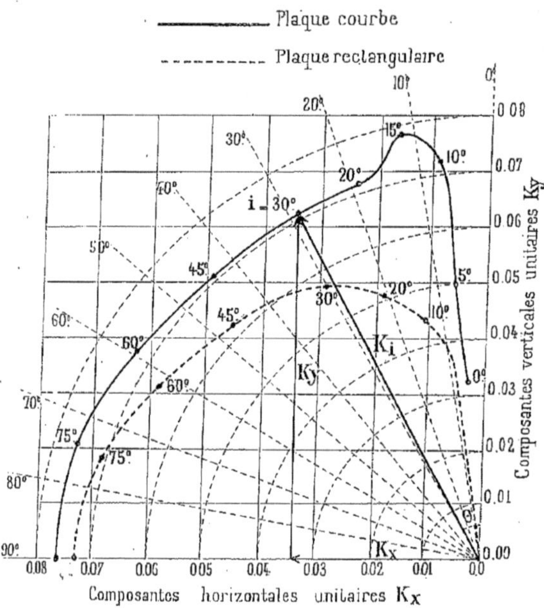

Fig. 18. — Comparaison de la plaque courbe de 90 × 15 cm $\left(\text{flèche } \dfrac{1}{13,5}\right)$ et de la plaque plane de 85 × 15 cm.

degrés d'inclinaison de la corde) l'effort sustentateur pour la plaque courbe est de 0,0765, c'est-à-dire plus d'une fois et demie celui du plan, qui est de 0,048.

La figure montre bien que, pour une résistance à l'avancement donnée, la plaque courbe a toujours une sustentation supérieure à celle de la plaque plane, surtout aux faibles inclinaisons. Cela justifie à ce point de vue, le choix, fait par la plupart des aviateurs, d'une surface courbe, comme surface portante de leurs aéroplanes.

Revenant à la courbe précédente, nous ferons remarquer qu'elle donne non seulement les poussées verticales en fonction des poussées horizontales, mais qu'elle représente aussi les poussées totales elles-mêmes, ainsi que l'angle de la résultante avec la verticale.

En effet, le rayon vecteur, qui joint un point quelconque de la courbe à l'origine, est égal à la résultante de K_x et K_y, c'est-à-dire à K_i. Les rayons vecteurs représentent donc les K_i.

De plus, la tangente de l'angle que fait un rayon vecteur avec O_y est égale à $\dfrac{K_x}{K_y}$, c'est-à-dire à la tangente de l'angle de la poussée sur la plaque avec la verticale.

D'autre part, sur les courbes, nous avons inscrit les angles correspondants d'inclinaison i, sur le vent. (Pour nos deux plaques, ces angles d'inclinaison sont sensiblement égaux aux angles θ, à partir de 15 degrés).

Ainsi, le diagramme de la figure 18 donne, avec une seule courbe, les valeurs corrélatives de K_i, K_x, K_y, θ et i, c'est-à-dire tous les résultats relatifs à une surface, sauf bien entendu les positions du centre de poussée.

Par exemple, pour la plaque courbe ayant sa corde inclinée à 30 degrés, on voit que :

$$K_{30^\circ} = 0,071 \quad K_x = 0,034 \quad K_y = 0,062 \quad \theta = 30^\circ \text{ sensiblement.}$$

Cette disposition, qui est nouvelle, nous semble très recommandable.

§ 5. Répartition des pressions
sur la plaque courbe de 90 $\times$ 15 cm.

Les mesures des pressions ont été effectuées à des vitesses de 13 à 15 m/sec. Les résultats sont représentés dans la planche 203, où sont figurées les courbes de pression dans la section médiane et les courbes d'égale pression sur la plaque entière.

Toutes les courbes tracées ont été déduites en ramenant les

pressions mesurées à ce qu'elles auraient été pour une vitesse du courant de 10 m/sec. (1).

Face avant, 10 degrés. — La pression sur la ligne médiane est sensiblement constante sur les deux tiers de la largeur de la plaque; elle décroît ensuite pour devenir nulle dans le voisinage du bord de sortie.

Les courbes d'égale pression montrent que cette remarque s'applique à toutes les sections de la plaque parallèles au vent, sauf dans le voisinage des bords latéraux et de l'arête de sortie.

Face avant, 15 degrés. — La pression sur la ligne médiane est un peu plus forte que précédemment dans le voisinage du bord d'attaque, en même temps qu'une légère dépression se manifeste vers l'arête de sortie. Cette remarque s'applique à toutes les sections, sauf dans le voisinage des bords latéraux.

Face avant, 20 degrés. — Les courbes sont sensiblement les mêmes que pour la plaque inclinée à 15 degrés.

Face avant, 90 degrés. — La pression est de 6 mm au centre et elle décroît très lentement jusque vers les bords.

Face arrière, 10 degrés. — La dépression est très élevée dans le voisinage du bord d'attaque et égale à 10,8 mm. Elle décroît ensuite très rapidement.

Les courbes de niveau montrent que les fortes dépressions apparaissent dans le voisinage des bords latéraux.

Face arrière, 15 degrés. — La dépression sur la ligne médiane est beaucoup plus uniforme que dans le cas précédent, mais les courbes de niveau montrent que de très fortes dépressions subsistent dans le voisinage des bords latéraux.

Face arrière, 20 degrés. — La dépression sur la ligne médiane est presque uniforme. Les courbes d'égale pression sont moins nom-

---

(1) Les pressions inscrites sont des millimètres d'eau. Nous rappelons, à ce sujet, qu'une pression de h mm d'eau correspond à un effort de h kg par mètre carré et, par conséquent, à un coefficient K donné par $K = \dfrac{h}{10^2} = 0{,}01h$, puisque nos mesures sont ramenées à 10 m/sec. Ainsi, en prenant par exemple l'inclinaison de 10 degrés, avec un vent de 10 m/sec., la pression sur le bord d'attaque est de 3 mm d'eau, soit 3 kg par mètre carré, ce qui correspond à une valeur de $K = 0{,}03$.

breuses que pour les inclinaisons de 10 et 15 degrés. Les grandes dépressions qui existaient dans le voisinage des bords latéraux commencent à disparaître.

Face arrière, 90 degrés. — La dépression est uniforme sur presque toute l'étendue de la plaque.

Nous avons calculé, à l'aide de ces courbes, la pression et la dépression moyennes sur la plaque. Les résultats sont contenus dans le tableau suivant :

ANGLES D'INCLINAISON de la corde et du vent	PRESSION MOYENNE à l'avant	DÉPRESSION MOYENNE à l'arrière	PRESSION TOTALE sur la plaque	RAPPORT de la pression à l'avant à la pression totale	RAPPORT de la dépression à l'arrière à la pression totale
	mm	mm	mm		
10 degrés . .	2,7	4,6	7,3	0,37	0,63
15 — . .	2,6	5,2	7,8	0,33	0,67
20 — . .	2,6	4,6	7,2	0,36	0,64
90 — . .	5,5	2,1	7,6	0,72	0,28

En moyenne, pour les angles de 10 à 20 degrés, la pression à l'avant est donc environ le tiers de la pression totale, alors que la dépression à l'arrière en est les deux tiers.

En outre, les pressions totales sont bien les mêmes que celles fournies par la balance. Par exemple, pour 10 degrés la pression totale est en moyenne de 7,3 mm, soit, d'après ce que nous avons dit plus haut, 7,3 kg par mètre carré. Le coefficient K correspondant est donc 0,073. C'est précisément le même que celui donné par la balance.

§ 6. Répartition des pressions sur la plaque plane de 85 × 15 cm *(Pl. 204).*

Face avant, 5 degrés. — La pression décroît régulièrement le long de la ligne médiane depuis le bord d'attaque jusqu'à l'arête de sortie. Il en est de même sur presque toute la plaque. Dans le voisinage des bords latéraux, la pression est sensiblement nulle.

Face avant, 10 degrés. — Les remarques sont les mêmes que précédemment. On voit apparaître le long du bord d'attaque la ligne de pression 3 mm qui n'existait pas à 5 degrés.

Face avant, 20 degrés. — Les caractères précédents : pression maximum vers le bord d'attaque, pression très faible à la sortie, sont encore plus nettement accusés ici. En même temps apparaît une légère dépression vers l'arête de sortie.

Face avant, 60 degrés. — La pression est maximum un peu après le bord d'attaque et dans la région médiane, où les courbes de niveau indiquent une petite région de 6 mm de pression.

Face avant, 90 degrés. — Les lignes de niveau près des bords ont sensiblement la même forme que ces bords eux-mêmes. La région de pression de 6 mm de la plaque à 60 degrés s'est subdivisée en deux régions, à droite et à gauche de la ligne médiane.

Face arrière, 5 degrés. — La dépression maximum sur la ligne médiane, dans le voisinage du bord d'attaque, décroît très rapidement jusqu'au milieu de la plaque, où se trouve la dépression — 1 mm que l'on retrouve dans le voisinage du bord de sortie.

Face arrière, 10 degrés. — La courbe de dépression dans la région médiane est devenue plus régulière, mais, comme pour la plaque courbe, la dépression est très augmentée dans le voisinage des angles des bords latéraux et du bord d'attaque.

Face arrière, 20 degrés. — La dépression sur la ligne médiane est devenue sensiblement uniforme, mais cette dépression augmente dans la région voisine des bords latéraux.

Face arrière, 60 et 90 degrés. — La dépression est à peu près constante sur toute l'étendue de la plaque.

Comme pour la plaque courbe, nous avons calculé les pressions moyennes à l'avant et à l'arrière. Les résultats sont contenus dans le tableau suivant :

3.

ANGLES D'INCLINAISON de la plaque et du vent	PRESSION MOYENNE à l'avant	DÉPRESSION MOYENNE à l'arrière	PRESSION TOTALE sur la plaque	RAPPORT de la pression à l'avant à la pression totale	RAPPORT de la dépression à l'arrière à la pression totale
	mm	mm	mm		
5 degrés . .	0,5	2,0	2,5	0,20	0,80
10 — . .	1,0	3,5	4,5	0,22	0,78
20 — . .	1,1	3,9	5,0	0,22	0,78
60 — . .	4,0	2,7	6,7	0,60	0,40
90 — . .	4,8	2,4	7,2	0,67	0,33

Ce tableau montre que jusqu'à 20 degrés la pression moyenne à l'avant n'est que le cinquième de la pression totale, alors que la dépression à l'arrière en est les quatre cinquièmes.

Comme pour la plaque courbe, l'accord est complet entre les chiffres des pressions totales et ceux fournis par la balance.

En résumé, cette étude montre bien nettement que pour les petits angles (de 0 à 20 degrés) l'effort de l'air sur la plaque est surtout dû à la grande dépression qui se produit à l'arrière. C'est dans le voisinage du bord d'attaque que ces phénomènes de compression et de dépression sont les plus accentués. Pour les angles de 10 à 20 degrés, la dépression à l'arrière est également très forte dans le voisinage des bords latéraux.

Tous ces effets vont en s'atténuant beaucoup, à mesure que l'on se rapproche de l'arête de sortie.

Pour les plaques fortement inclinées, la dépression à l'arrière tend à devenir uniforme sur toute l'étendue de la surface. Quant à la pression à l'avant, elle devient également de moins en moins irrégulière à mesure que la plaque devient plus normale au vent.

Une autre conclusion à tirer de cette étude est qu'il faut se garder, comme l'ont fait certains expérimentateurs, d'étendre à toute la plaque les résultats obtenus dans la seule section médiane. Pour les inclinaisons de 10 à 20 degrés, notamment, il existe dans le voisinage des bords latéraux de grandes dépressions, qui augmentent d'une quantité notable l'effort de l'air sur la plaque et que l'examen des phénomènes qui se passent dans la section médiane ne peut faire prévoir.

Les pressions et dépressions moyennes dans la section médiane seule, font l'objet du tableau ci-dessous.

ANGLES D'INCLINAISON sur le vent	PLAQUE COURBE SECTION MÉDIANE			PLAQUE PLANE SECTION MÉDIANE		
	pression moyenne à l'avant	dépression moyenne à l'arrière	pression moyenne totale	pression moyenne à l'avant	dépression moyenne à l'arrière	pression moyenne totale
	mm	mm	mm	mm	mm.	mm
5 degrés.	»	»	»	0,5	2,2	2,7
10 — .	2,5	5,2	7,7	1,0	3,4	4,4
15 — .	2,5	4,8	7,3	»	»	»
20 — .	2,5	3,5	6,0	1,3	3,2	4,5
60 — .	»	»	»	4,5	2,1	6,6
90 — .	4,8	2,5	7,3	5,1	2,1	7,2

Au sujet de ce tableau, nous nous bornerons à la remarque suivante : la pression moyenne totale à 15 degrés pour la plaque courbe (7,3 mm) est inférieure à ce qu'elle est à 10 degrés (7,7 mm), et la balance aussi bien que la totalisation de toutes les pressions mesurées sur la plaque entière nous ont donné le résultat contraire. Ce fait suffit à justifier nos réserves sur l'extension à la plaque entière des valeurs relatives aux sections médianes.

§ 7. Direction des filets.

La figure 19 montre la direction des filets autour de la plaque courbe inclinée à 15 degrés. Sans y insister, nous dirons que, bien que l'angle d'attaque soit nul, les filets s'infléchissent en arrivant près du bord et que des remous se manifestent à l'arrière. Dans la direction où la plaque les rejette, les filets restent inclinés jusqu'à une assez grande distance.

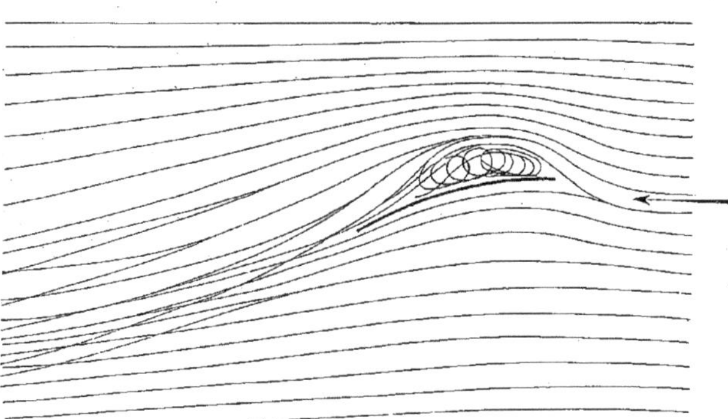

Fig. 19. — Direction des filets autour de la plaque courbe de 90×15 cm

Toute cette installation que je viens de décrire a été faite avec le concours de mon collaborateur habituel, M. L. Rith, Ingénieur des Arts et Manufactures, qui a pris une part très active à l'élaboration des projets ; il a été assisté, pour les expériences, de M. A. Lapresle, ancien élève de l'École Supérieure d'Électricité.

On voit par l'étude très détaillée de ces plaques que nos appareils se prêtent à une analyse des phénomènes plus complète qu'elle n'a peut-être jamais été réalisée. Nous espérons que nos expériences nouvelles continueront à nous donner des renseignements intéressants et précis sur des points encore peu connus de la résistance de l'air. Nous comprendrons notamment dans nos recherches l'étude des hélices en rotation dans un courant d'air uniforme.

J'ai tenu à ce que la Société des Ingénieurs Civils soit la première à avoir communication de ces expériences ; celles-ci, il est vrai, ne sont qu'à leur début, mais je compte tenir la Société au courant de l'ensemble des résultats que fournira l'installation que je viens de décrire et sur laquelle je fonde beaucoup d'espoir.

TABLE DES MATIÈRES

I. DESCRIPTION GÉNÉRALE

II. EXEMPLE D'APPLICATION

IMPRIMERIE CHAIX, RUE BERGÈRE, 20, PARIS. — 7588-4-10. — (Encre Lorilleux).

ENSEMBLE DE L'INSTALLATION

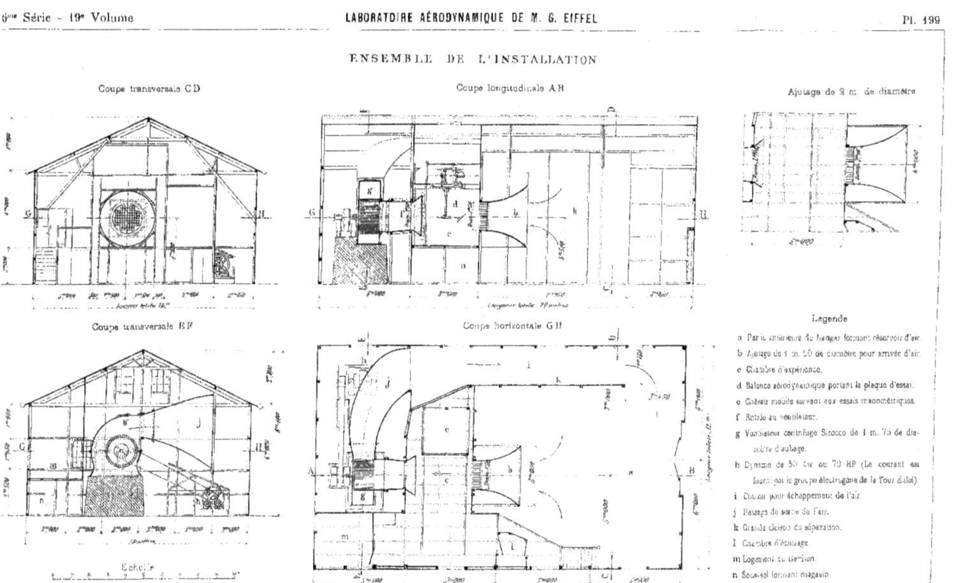

Legende

a Paroi inférieure du hangar formant réservoir d'air.
b Ajutage de 1 m. 50 de diamètre pour arrivée d'air.
c Chambre d'expérience.
d Balance aérodynamique portant la plaque d'essai.
e Châssis mobile servant aux essais manométriques.
f Retraite au ventilateur.
g Ventilateur centrifuge Sirocco de 1 m. 75 de diamètre d'aubage.
h Dynamo de 50 Kw ou 70 HP (Le courant est fourni par le groupe électrogène de la Tour Eiffel).
i Couloir pour échappement de l'air.
j Passage de sortie de l'air.
k Grande cloison de séparation.
l Chambre d'éclusage.
m Logement du Gardien.
n Sous-sol formant magasin.

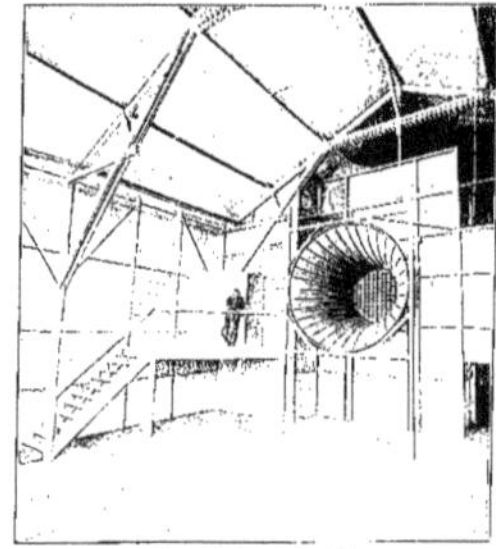

2. — Ajutage de 1 m. 50

1. — Vue extérieure du Laboratoire

4. — Chambre d'expérience et balance aérodynamique

3. — Ajutage de 2 m.

6. — Vérification des centres de poussée

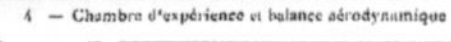

5. — Mesure des pressions

BALANCE AÉRODYNAMIQUE

Elévation Coupe

Plan

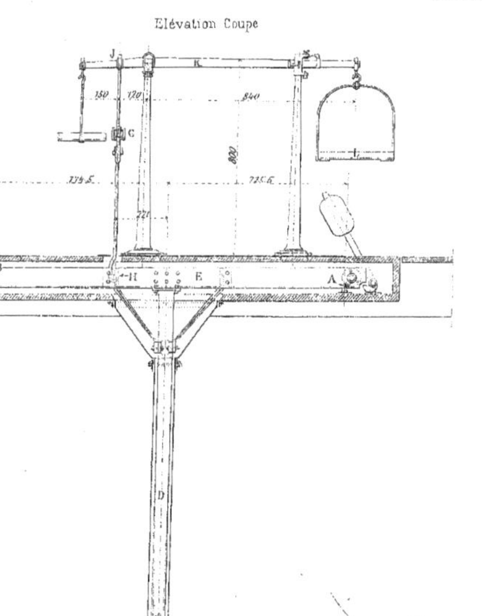

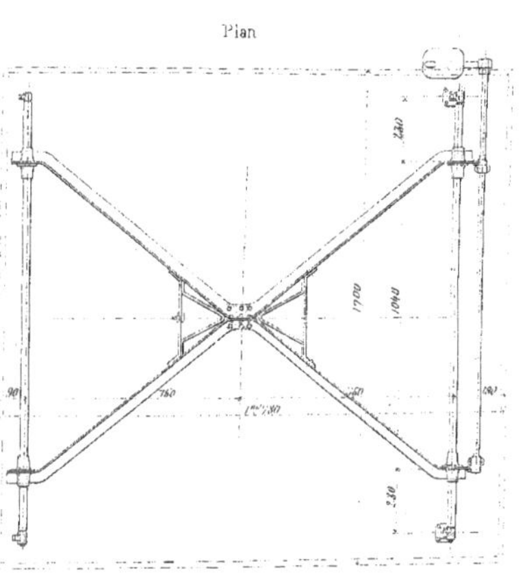

PRINCIPE

Le bras vertical D de la balance supporte, par l'intermédiaire d'une tige mobile C, la surface plane ou courbe en expérience S. Il est fixé à un châssis horizontal E qu'on fait osciller successivement autour des couteaux A et B, d'après la position qu'on donne à l'excentrique G. L'effort sur le châssis est reporté, par les couteaux H et J, sur le fléau K portant le plateau L qui reçoit les poids établissant l'équilibre. Une troisième expérience faite avec la plaque retournée de 180° autour de l'axe de la tige, achève la détermination en grandeur, direction et point d'application, de la résultante projetée sur le plan de la figure.

RÉSULTANTES UNITAIRES, EN GRANDEUR ET POSITION, DE L'EFFORT DE L'AIR SUR DES PLAQUES ALLONGÉES

Ces valeurs multipliées par la surface en m. q. et le carré de la vitesse en m. sec. donnent l'effort en kg.

Plaque courbe de 90×15 flèche 1,08 c/m $\frac{1}{13,5}$

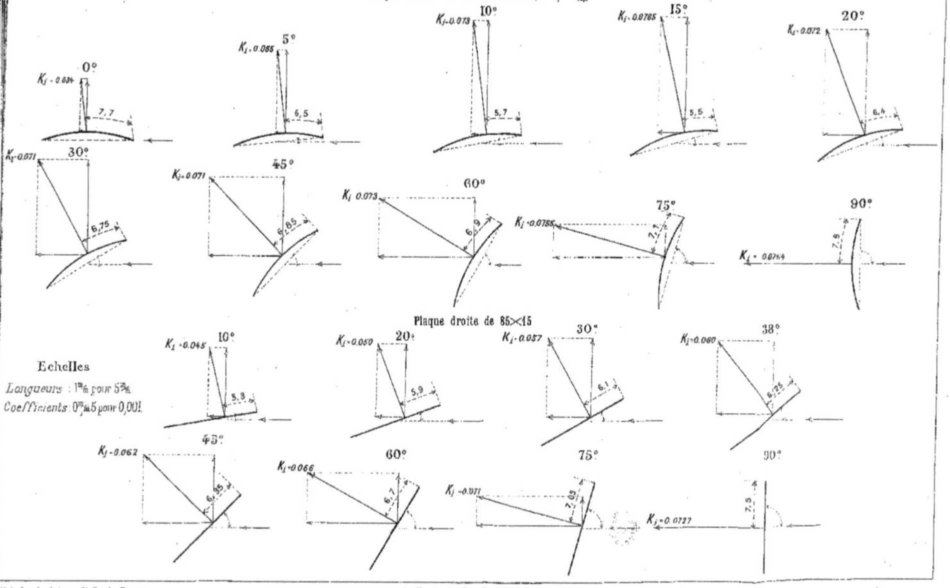

Plaque droite de 85×15

Echelles

Longueurs : 1ᵐ/m pour 5ᵏ/s

Coefficients: 0ᵐ/m5 pour 0,001

REPARTITION DES PRESSIONS SUR LA PLAQUE COURBE DE 90ᶜᵐ×15ᶜᵐ (FLÈCHE ⅛)

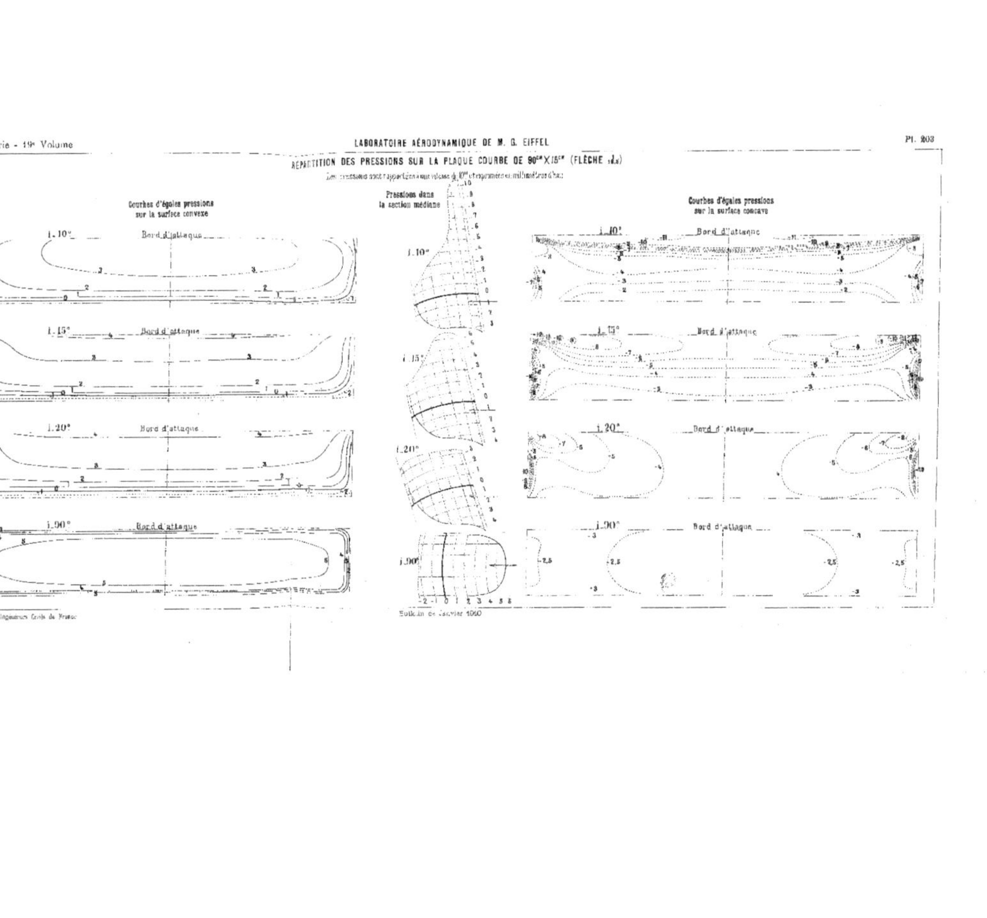

RÉPARTITION DES PRESSIONS SUR LA PLAQUE RECTANGULAIRE DE 85ᶜᵐ×15ᶜᵐ

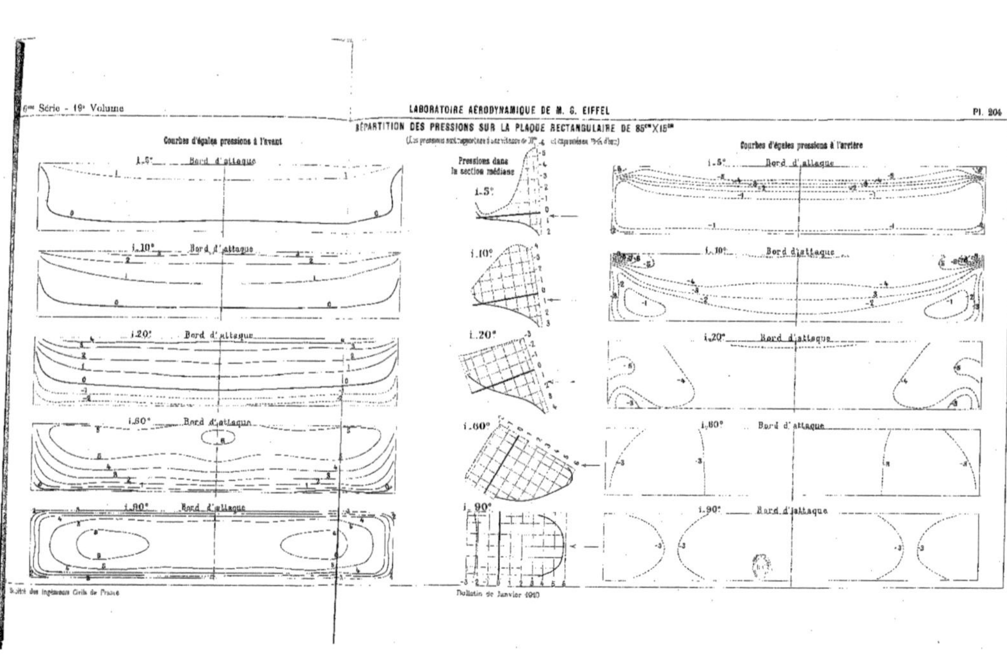